Marion Bardehle
Stephanie Kraft

Freundschafts-bänder

Neue Knüpftechniken

Unterschiedliche Materialien

Interessante Schmuckelemente

frechverlag

Weitere kreative Titel aus dem frechverlag:

TOPP 2057

TOPP 2012

TOPP 1894

Die Freundschaftsbänder auf den Seiten 8-23 wurden von Stephanie Kraft, die Bänder auf den Seiten 24-30 von Marion Bardehle angefertigt.

Zeichnungen: Stephanie Kraft
Fotos: frechverlag GmbH + Co. Druck KG, 70499 Stuttgart;
Fotos Seite 8-23, Titel- und Rückseite: Roland Knipfer; Fotos Seite 25-30: Jürgen Musolf

Auflage: 6. 5. 4.
Jahr: 2000 99 98 97
Letzte Zahlen maßgebend

ISBN 3-7724-2052-4 · Best.-Nr. 2052
Druck: frechverlag GmbH + Co. Druck KG, 70499 Stuttgart

Freundschaftsbänder sind nach wie vor hochaktuell. Die farbenfrohen Bänder werden nicht nur von Kindern, sondern auch von Erwachsenen getragen. Sie stammen ursprünglich aus Mittel- und Südamerika und sind Symbol einer tiefen Verbundenheit und einer engen Freundschaft. Wer ein solches Band knüpft und verschenkt, zeigt, daß er den anderen mag und ihm Glück wünscht.

Während die Freundschaftsbänder mit drei Knoten am Handgelenk befestigt werden, müssen die Beschenkten sich etwas wünschen. Erst wenn die Fäden richtig durchgescheuert sind und von selbst abfallen, geht der Wunsch in Erfüllung.

In diesem Buch möchten wir Ihnen nicht nur die neuesten Entwürfe wunderschöner Bänder aus Stickgarn zeigen, sondern auch unterschiedliche Gestaltungsmöglichkeiten mit Bast, Leder und Kordeln. Zudem möchten wir Ihnen auch Bänder vorstellen, die durch eingearbeitete Perlen, Knöpfe und Schrauben zu richtigen Schmuckstücken werden. Vielleicht finden Sie hier genau die Farbkombination, die Sie suchen, oder aber Sie lassen Ihrer Phantasie freien Lauf und kombinieren die verschiedenen Ideen.

Nun wünschen wir Ihnen viel Freude beim Anfertigen dieser farbenfrohen Bänder!

Ihre *Stephanie Kraft und Marion Bardehle*

Für alle geknüpften Bänder gilt:

Den Anfang nach 7-8 cm locker verknoten oder gleich einen 7-8 cm langen Zopf flechten. Nun kann man die Fäden an Jeans, am Sofa, auf einem Kissen oder am Tischtuch befestigen (z.B. mit Sicherheitsnadeln oder Klemmen).
Die Enden werden geflochten oder zu Kordeln gedreht und verknotet. Der lockere obere Knoten wird wieder gelöst und der Anfang genau wie die Enden verarbeitet.

= Spannfäden

= Rechter Arbeitsfaden

= Linker Arbeitsfaden

Überhand-knoten

Diesen Knoten benötigen Sie zum Anstecken der Sicherheitsnadel oder zum Abknoten der einzelnen Fäden.

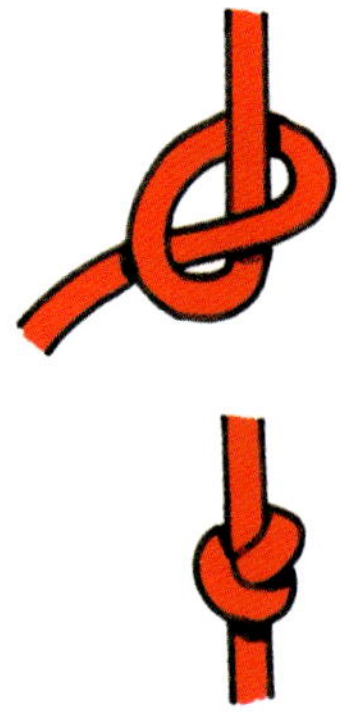

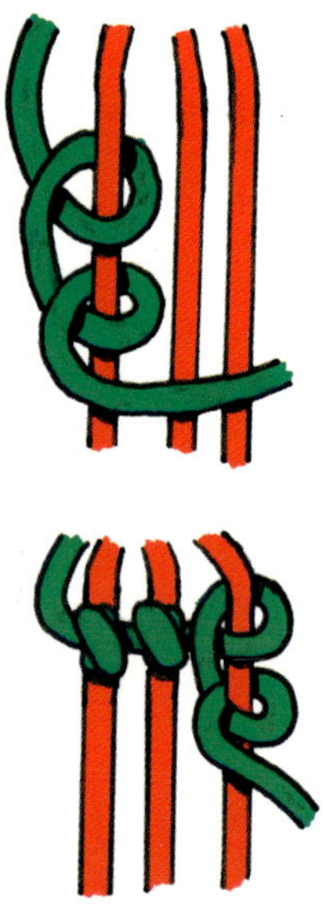

Schlingen-knoten von links

Knüpfen Sie den Arbeitsfaden von links über die Spannfäden.

Einfacher Schlingen-knoten

Bei diesem Knoten benötigen Sie zwei Arbeitsfäden, die wechselseitig mit nur einer Schlinge über die Spannfäden geknüpft werden.

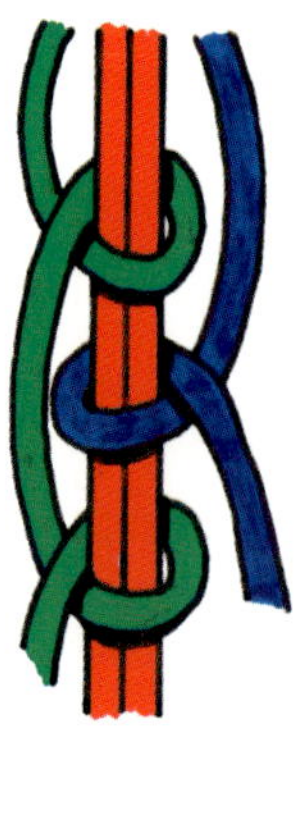

Doppelter Schlingenknoten (versetzt)

Knüpfen Sie diese Knoten wie den einfachen Schlingenknoten, allerdings mit einem Doppelknoten auf jeder Seite.

Weberknoten ($1^1/_2$fach)

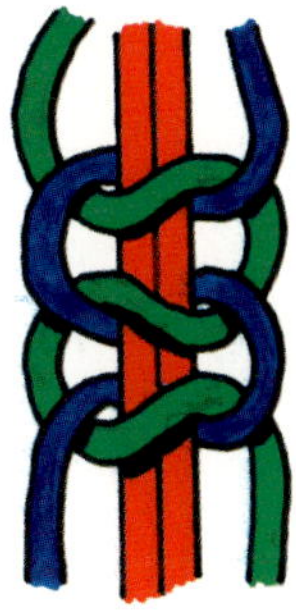

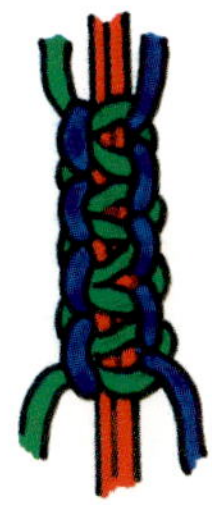

Dieser Knoten unterscheidet sich vom Wellenknoten nur dadurch, daß Sie nach jedem Knoten die Arbeitsfäden, die Sie über die Spannfäden legen, wechseln müssen, indem der Faden unter der Schlaufe über die Spannfäden gelegt wird. Deshalb dreht sich der Strang nicht.

Wellenknoten

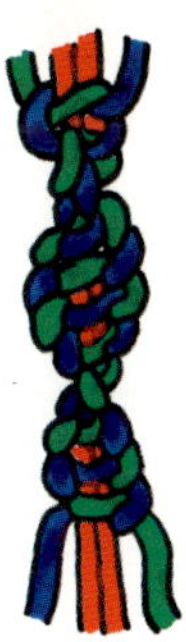

Sie benötigen bei diesem Knoten zwei Arbeitsfäden und mindestens einen Spannfaden.
Legen Sie immer den linken Arbeitsfaden über den oder die Spannfäden.
Der Strang dreht sich nach ein paar Knoten.

Brezelknoten

Bei diesem Knoten gibt es nur zwei Arbeitsfäden und keine Spannfäden. Wenn Sie ihn fertig geknüpft und gleichmäßig angezogen haben, erinnert er an eine Brezel.

Kapuzinerknoten

Diesen Knoten können Sie am Ende ihrer Arbeit zum Abknüpfen verwenden.
Beim Anziehen des Knotens entsteht eine kleine Quaste.

Rund-knoten

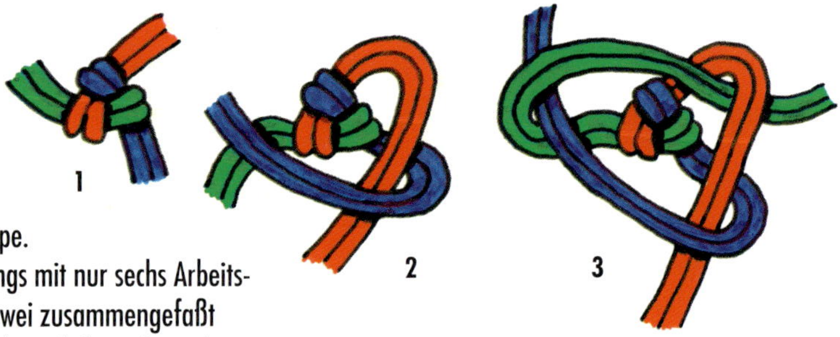

Dieser Knoten hat Ähnlichkeit mit der bekannten Hexentreppe.
Sie knoten ihn allerdings mit nur sechs Arbeitsfäden, wobei jeweils zwei zusammengefaßt werden. Es ist sehr wichtig, daß Sie die Fäden immer gleichmäßig anziehen.

Anfang

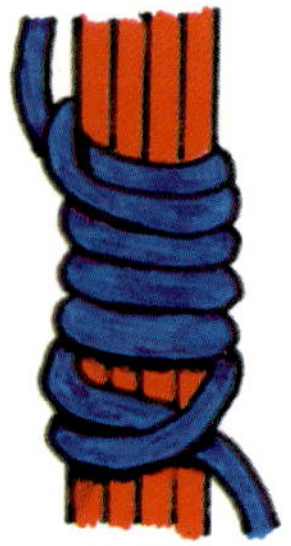

Abschluß

Wickel-knoten

Der Anfang- bzw. Abschlußknoten ist notwendig, damit die Wicklungen nicht mehr aufgehen oder verrutschen

Cavandolitechnik

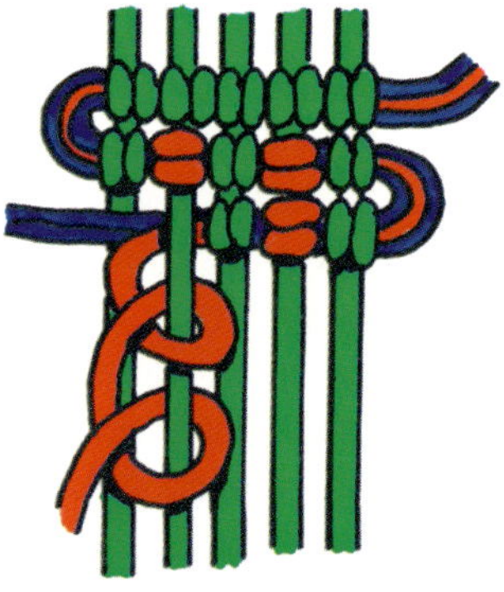

Sie haben bei dieser Technik drei verschiedenfarbige Spannfäden und fünf gleichfarbige Arbeitsfäden. Knüpfen Sie eine Reihe mit dem doppelten Rippenknoten von links, dann eine Reihe von rechts. Die Spannfäden bleiben immer die gleichen. Wenn Sie eine Farbe einknüpfen wollen, müssen Sie mit dem entsprechenden Spannfaden einen vertikalen doppelten Rippenknoten machen. Danach knoten Sie wieder mit dem doppelten Rippenknoten horizontal weiter.

Einfacher Rippenknoten

(von rechts)

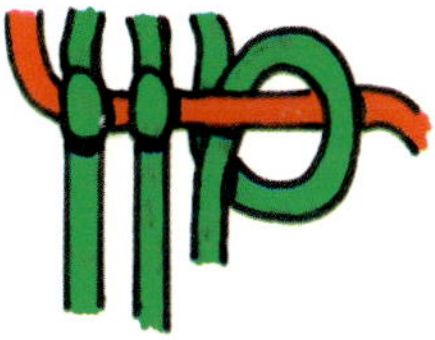

(von links)

Knoten Sie die Arbeitsfäden mit je einer Schlinge über den Spannfaden.

Doppelter Rippenknoten

(von rechts)

(von links)

Diesen doppelten Rippenknoten arbeiten Sie genauso wie den einfachen, allerdings mit doppelter Schlinge. Schieben Sie die Knoten dicht zusammen, damit keine Löcher entstehen.

Rippenknoten, Spannfäden von außen

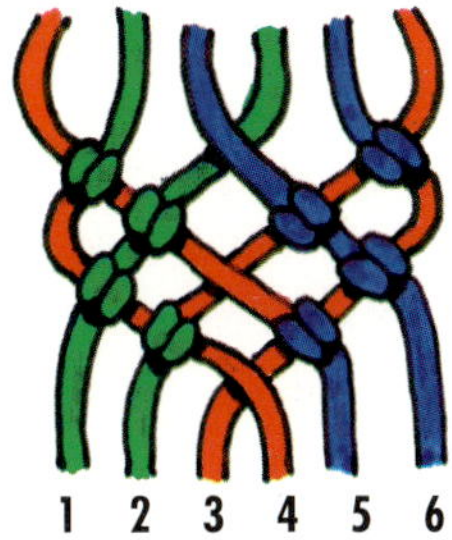

Die äußeren Fäden werden hier in jeder Reihe die Spannfäden. Überkreuzen Sie die Fäden in der Mitte, und verwenden Sie sie als Arbeitsfäden. Es entsteht eine geknüpfte Spitze.

Rippenknoten, Spannfäden von innen

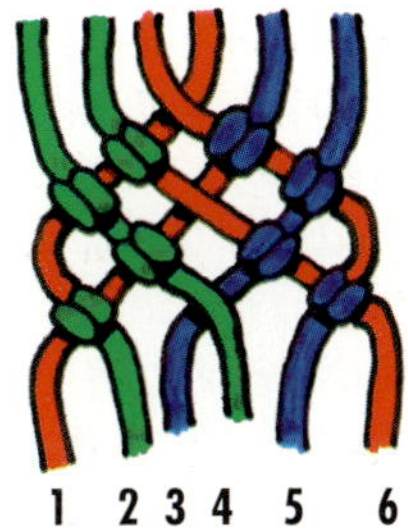

Hier nehmen Sie die Spannfäden immer von der Mitte, nachdem Sie sie überkreuzt haben. Die Spannfäden werden am Ende wieder zu Arbeitsfäden.

Flechten mit fünf Arbeitsfäden

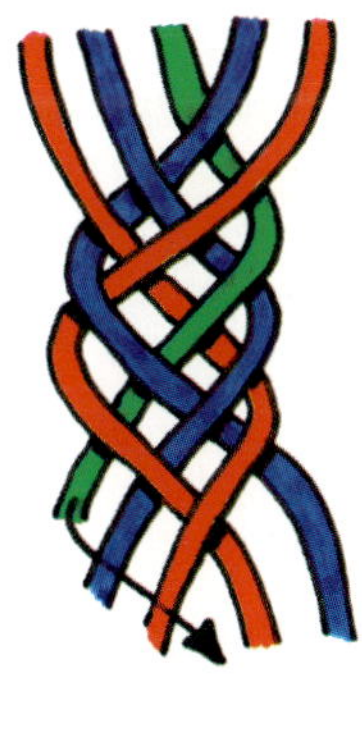

Legen Sie die äußeren Fäden abwechslungsweise immer in die Mitte der übrigen vier Arbeitsfäden.

Buntes Band

MATERIAL:

5 Baumwollfäden, je 90 cm lang, in Rot, Gelb, Dunkelblau, Schwarz und Grün.

ANLEITUNG:

Die zugeschnittenen Fäden nach ca. 15 cm zusammennehmen und einen Überhandknoten anbringen. An diesem Knoten befestigen Sie eine Sicherheitsnadel und stecken diese fest.
Legen Sie die Fäden in der Reihenfolge Rot, Schwarz, Blau, Grün und Gelb nebeneinander. Der rote Faden ist Ihr erster Spannfaden. Knüpfen Sie den einfachen Rippenknoten von links (siehe Seite 7). Bei der zweiten Reihe wird der schwarze Faden zum Spannfaden und der rote am Ende zum Arbeitsfaden. Knüpfen Sie das ganze Band in der Reihenfolge Rot, Schwarz, Blau, Grün, Gelb, wobei der Spannfaden immer von links gelegt wird, bis das Band eine Länge von 16 cm hat.
Nehmen Sie nun alle Fäden bis auf die Farbe Gelb, und knüpfen Sie sechs Wellenknoten. Legen Sie den gelben Faden wieder zu den restlichen Spannfäden, nehmen Sie dafür den roten Faden zur Hand, und knüpfen Sie wieder sechs Wellenknoten. Wiederholen Sie diesen Vorgang mit Blau, Schwarz und Grün.
Lösen Sie den Überhandknoten am Anfang des Bandes, und verfahren Sie mit dem Wellenknoten nach der gleichen Farbreihenfolge wie am oberen Ende. Schneiden Sie die Fäden auf jeder Seite nach 2 cm ab.

Weiß-lilafarbenes Band

MATERIAL:

Baumwollfäden, je 90 cm lang in Weiß, Rosa, Flieder, Hell- und Dunkelviolett.

ANLEITUNG:

Arbeiten Sie dieses Band genauso wie das bunte Band, allerdings in der Farbreihenfolge Weiß, Rosa, Flieder, Hellviolett und Dunkelviolett. Nach ca. 16 cm wird das Band mit dem Wickelknoten abgeschlossen. Dazu den Anfangsknoten knüpfen, 0,5 cm mit Dunkelviolett umwickeln und mit dem Abschlußknoten enden. Es folgen die Farben Hellviolett, Flieder, Rosa und Weiß.
Verfahren Sie genauso mit der anderen Seite des Bandes, und schneiden Sie die Fäden nach 0,5 cm ab.

Froschband

MATERIAL:

5 Baumwollfäden, je 100 cm, in Blau (1 x), Gelb (2 x) und Grün (2 x). Gelbe und blaue Rocailleperlen und eine messingfarbene Froschperle.

ANLEITUNG:

Die zugeschnittenen Fäden nach ca. 20 cm zusammennehmen und einen Überhandknoten knüpfen. Folgen Sie der Anleitung des bunten Bandes, allerdings in der Farbreihenfolge Grün, Gelb, Blau, Gelb und Grün. Wenn Sie einen blauen oder gelben Spannfaden verwenden, wird am Anfang und am Ende dieses gleichen Fadens eine Perle in der gleichen Farbe aufgereiht und am Anfang bzw. Ende der Reihe mit eingeknüpft. Arbeiten Sie mit dem doppelten Rippenknoten von links, bis Sie

fünf blaue Streifen erhalten. In der letzten Knotenreihe ist der Spannfaden blau. Auf den linken gelben Arbeitsfaden reihen Sie sieben gelbe Perlen auf. Die beiden nächsten grünen Arbeitsfäden nehmen Sie, um die Froschperle aufzuziehen.

Es bleiben ein gelber und ein blauer Faden übrig. Mit diesen beiden Fäden drei Reihen Rippenknoten knüpfen und immer am Ende die entsprechende Perle aufreihen. Sie haben nun wieder den blauen Faden als Spannfaden und beenden mit dem doppelten Rippenknoten von rechts das Band. Knüpfen Sie dazu genauso viele Reihen wie vor der Froschperle.

Am Ende alle Fäden bis auf Blau zusammennehmen und zehn Wellenknoten knüpfen. Legen Sie den blauen Faden zu den anderen Einlegefäden, und knüpfen Sie vier grüne Wellenknoten. Den blauen Faden abschneiden und weitere sechs Wellenknoten in Grün knüpfen. Auf die verbleibenden vier Fäden je eine gelbe Perle aufziehen und nach ca. 3 cm mit einem Überhandknoten abknoten. Die andere Seite des Bandes ebenso beenden.

Pastellfarbenes Band

MATERIAL:

Baumwollfäden, je 100 cm lang, in Hellblau (2 x), Gelb (2 x) und Lachs (2 x).

ANLEITUNG:

Die sechs Fäden nach ca. 10 cm mit einem Überhandknoten zusammenknoten. Sortieren Sie die Fäden nach ihren Farben auseinander. Knüpfen Sie den Rundknoten (siehe Seite 6), bis Sie ein ca. 15 cm langes Band erhalten. Je zwei gleichfarbige Fäden zu einer Kordel zusammendrehen.
Nach 6 cm die Kordel mit einem Überhandknoten fixieren und die Fäden abschneiden. Verfahren Sie genauso mit der anderen Seite, nachdem Sie den Überhandknoten wieder gelöst haben.

Buntes Band mit Perlen

MATERIAL:

Baumwollfäden, je 100 cm lang, in Rot (2 x), Mittelblau (2 x) und Gelb (2 x). Große Rocailleperlen in den gleichen Farben.

ANLEITUNG:

Die sechs Fäden nach ca. 10 cm mit einem Überhandknoten zusammenknoten. Die Fäden nach ihren Farben sortieren und 20 Rundknoten (siehe Seite 6) knüpfen. Mit je einem farbigen Faden je eine gleichfarbene Perle aufziehen. Knüpfen Sie weitere elf Rundknoten, und ziehen Sie wieder die entsprechenden Perlen auf.
Diesen Vorgang zehnmal wiederholen und das Band nach weiteren zwanzig Knoten beenden. Je zwei gleichfarbene Fäden zu einer Kordel zusammendrehen. Fixieren Sie die blaue Kordel nach 4 cm (Rot nach 5 cm, Gelb nach 6 cm) mit einem Überhandknoten, und schneiden Sie die Fäden ab. Verfahren Sie genauso mit der anderen Seite, nachdem Sie den Überhandknoten wieder gelöst haben.

Grünes Band mit Schrauben

MATERIAL:

Farbverlaufsgarn aus Baumwolle in Hell- bis Dunkelgrün.
Zwei 1 cm lange Schrauben.
Zwei Muttern mit 0,7 cm Ø (außen).

ANLEITUNG:

Das Garn so abschneiden, daß sechs ca. 90 cm lange Fäden mit dem gleichen Farbverlauf entstehen. Der hellere Teil muß genau in der Mitte liegen. Die Fäden in der Mitte mit Hilfe eines Überhandknotens fixieren.
Knüpfen Sie drei Rundknoten, und befestigen Sie dann die erste Mutter (siehe Zeichnung).

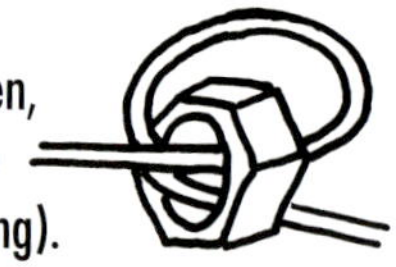

Nach 13 Knoten die Schraube befestigen (siehe Zeichnung) und noch 5 cm weiterknoten. Flechten Sie mit je zwei Fäden ca. 5 cm, und beenden Sie das Band mit einem Überhandknoten. Die restlichen Fäden werden abgeschnitten. Den Überhandknoten lösen und mit sechs Rundknoten weiterarbeiten. Die Schraube befestigen und weitere zwölf Knoten knüpfen. Nachdem Sie die letzte Mutter befestigt haben, müssen Sie noch ca. 4 cm knüpfen und die Arbeit wie auf der anderen Seite nach dem Flechten beenden.

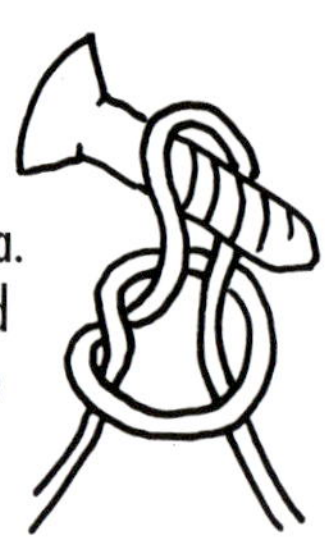

Wickelband mit Schwarz

Material:

Baumwollfäden, ca. 100 cm lang, in Lila (1 x), Mittelblau (1 x), Orange (2 x) und Schwarz (2 x).

Anleitung:

Dieses Band müssen Sie mit dem Wickelknoten (Seite 6) arbeiten, der immer aus einem Anfangs- und Abschlußknoten besteht. Wickeln Sie zuerst 1 cm Schwarz, 1 cm Lila, 1 cm Schwarz und 1 cm Orange. Die zwei orangefarbenen Fäden herausnehmen und 1,5 cm in Blau wickeln. Die orangefarbenen Fäden über dem blau umwickelten Stück kreuzen und mit nur einem orangefarbenen Faden 1 cm weiterwickeln. 0,5 cm in Schwarz, dann 1,5 cm mit Schwarz und Lila gleichzeitig wickeln. Diese zweifarbige Wicklung bildet die Mitte. Wickeln Sie das Band in umgekehrter Reihenfolge zu Ende. Die Fäden werden nach 3 cm einfach abgeschnitten.

Einfaches Wellenband

MATERIAL:

Baumwollfäden, ca. 90 cm lang, in Orange (2 x), Hellgrün (2 x), Gelb (2 x) und Weinrot (2 x).

ANLEITUNG:

Die zugeschnittenen Fäden nach ca. 20 cm zusammennehmen und einen Überhandknoten knüpfen. Die Arbeit mit Hilfe einer Sicherheitsnadel feststecken.

Sortieren Sie die Farben: zwei orangefarbene, zwei gelbe, zwei weinrote und zwei grüne. Als ersten Spannfaden nehmen Sie einen orangefarbenen. Vier Reihen einfache Rippenknoten von links, dann sechs Reihen Rippenknoten von rechts knüpfen. Wiederholen Sie diesen Wechsel viermal, immer nach sechs Reihen. Nun noch drei Reihen von links knüpfen.

Teilen Sie dann die Fäden, indem Sie zwei orangefarbene (bzw. zwei grüne) als Spannfäden und zwei gelbe (bzw. zwei weinrote) als Arbeitsfäden nehmen. Elf Wellenknoten mit Gelb bzw. Weinrot knüpfen. Nehmen Sie alle Fäden zusammen als Einlegefäden – bis auf die beiden grünen –, und knüpfen Sie neun Wellenknoten in Grün. Die Fäden erneut teilen und wieder je elf Wellenknoten in Gelb bzw. Weinrot knüpfen.

Beginnen Sie nun wieder mit drei Reihen Rippenknoten von links und sechs von rechts. Wiederholen Sie diesen Wechsel viermal immer nach sechs Reihen. Zum Schluß noch vier Reihen von links knüpfen und alle Fäden bis auf die orangefarbenen zusammennehmen. Knüpfen Sie 25 Wellenknoten mit Orange, und schneiden Sie die restlichen Fäden nach 2 cm ab. Den Überhandknoten lösen und den Abschluß genauso arbeiten.

Rotes Perlenband

MATERIAL:

6 dunkelrote Baumwollfäden, je 90 cm lang. Glänzende Rocailleperlen in Blau, Grün und Gelb.

ANLEITUNG:

Die zugeschnittenen Fäden nach ca. 15 cm zusammennehmen und einen Überhandknoten knüpfen. An diesem Knoten eine Sicherheitsnadel befestigen und diese feststecken.

Das ganze Band wird mit dem doppelten Rippenknoten gearbeitet (siehe Seite 7). Knüpfen Sie vier Reihen, bei denen der Spannfaden von innen (SI) kommt. Reihen Sie auf Faden 2 + 3 je eine blaue und auf Faden 4 + 5 je eine gelbe Perle auf. Knüpfen Sie zwei Reihen mit dem Spannfaden von außen (SA). Auf Faden 1 + 6 je eine grüne Perle aufreihen und zwei weitere Reihen (SA) knüpfen. Auf Faden 1 + 6 je drei gelbe Perlen und auf Faden 2 + 5 je eine blaue Perle aufreihen. Knüpfen Sie drei Reihen (SI). Auf Faden 3 eine grüne Perle aufreihen und eine Reihe (SI) knüpfen. Reihen Sie auf Faden 4 eine grüne Perle auf, und knüpfen Sie wieder eine Reihe (SI). Auf Faden 3 + 4 je eine grüne Perle aufreihen und drei Reihen (SA) knüpfen. Nehmen Sie Faden 1 als Spannfaden, und knüpfen Sie mit Faden 2 einen doppelten Rippenknoten von links. Faden 4 wird nun für das gesamte Mittelteil Ihr Spannfaden bleiben. Knüpfen Sie deshalb mit Faden 1-3 je einen Rippenknoten von rechts.

Reihen Sie auf Faden 6 eine blaue Perle auf, dann kommt ein Überhandknoten, eine blaue Perle, ein Überhandknoten und eine blaue Perle. Reihen Sie auf Faden 4 eine gelbe Perle, einen Überhandknoten, dann eine gelbe Perle auf. Auf Faden 2 eine grüne Perle aufreihen und eine Reihe Rippenknoten von links knüpfen. Reihen Sie auf Faden 1 eine blaue Perle auf, dann folgt ein Überhandknoten, eine blaue Perle, ein Überhandknoten und eine blaue Perle. Reihen Sie auf Faden 3 eine gelbe Perle, einen Überhandknoten, dann eine gelbe Perle auf. Auf Faden 5 eine grüne Perle aufreihen und eine Reihe Rippenknoten knüpfen. Sie haben nun die Bandmitte erreicht – knüpfen Sie deshalb genau gegengleich bis zum Bandende. Den Überhandknoten am Anfang öffnen und auf Faden 1 drei grüne Perlen und auf Faden 3 drei blaue Perlen aufreihen. Je einen Faden mit und einen ohne Perlen zu je einer Kordel drehen, wobei die drei Perlen gleichmäßig verteilt werden. Die Kordel nach ca. 5 cm mit einem Überhandknoten fixieren und am anderen Ende des Bandes genauso verfahren.

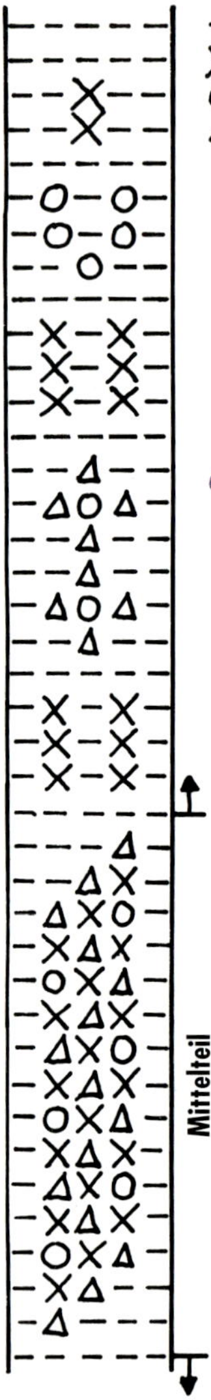

— = Schwarz
X = Blau
O = Orange
Δ = Gelb

Schwarzes Band

Material:

3 Baumwollfäden, ca. 130 cm lang, in Mittelblau, Orange und Gelb. 5 schwarze Baumwollfäden, ca. 90 cm lang.

Anleitung:

Dieses Band wird mit der Cavandolitechnik (siehe Seite 6) gearbeitet, wobei der blaue, orangefarbene und gelbe Faden zusammen den Spannfaden bilden. Zuerst alle Fäden zusammennehmen und einen Überhandknoten knüpfen, an dem eine Sicherheitsnadel befestigt wird. Knüpfen Sie nach der nebenstehenden Zeichnung, indem Sie die entsprechende Farbe aus den Spannfäden herausnehmen und danach wieder dazunehmen. Nach dem gekennzeichneten Mittelteil müssen Sie den oberen Teil in Pfeilrichtung nochmals arbeiten. Vernähen Sie am Ende der Knüpfarbeit alle Spannfäden auf der Rückseite.

Flechten Sie an beiden Enden mit fünf Fäden (siehe Seite 7), und schließen Sie die Arbeit mit einem Überhandknoten ab.

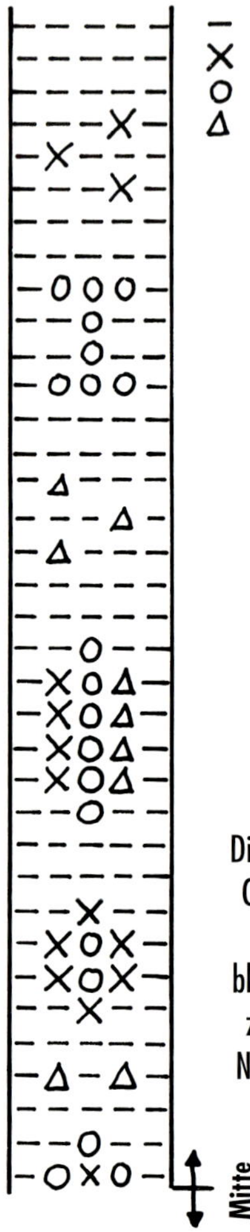

— = Orange
X = Blau
O = Gelb
Δ = Grün

Orangefarbenes Band

Material:

3 Baumwollfäden, ca. 130 cm lang, in Dunkelblau, Gelb und Grün. 5 orangefarbene Baumwollfäden, ca. 90 cm lang.

Anleitung:

Dieses Band wird auch mit der Cavandolitechnik (siehe Seite 6) gearbeitet, wobei der blaue, grüne und gelbe Faden zusammen Spannfaden sind. Nehmen Sie zuerst alle Fäden zusammen, und machen Sie einen Überhandknoten, an dem eine Sicherheitsnadel befestigt wird. Knüpfen Sie nach der nebenstehenden Zeichnung, indem Sie die entsprechende Farbe aus den Spannfäden herausnehmen, knüpfen und danach wieder dazunehmen. Nach der gekennzeichneten Mitte müssen Sie den oberen Teil in Pfeilrichtung nochmals arbeiten. Vernähen Sie am Ende der Knüpfarbeit alle Spannfäden auf der Rückseite.

Die Arbeit mit einem gemeinsamen Überhandknoten abschließen. Knüpfen Sie nach 4 cm nochmals einen Überhandknoten pro Faden, und schneiden Sie dann alle Fäden ab.

Lederband

MATERIAL:

3 Lederbänder, 2 mm Ø, ca. 100 cm lang, in Gelb, Grün und Rot
4 weinrote Holzscheiben, 12 mm Ø.
6 rechteckige weinrote Holzperlen.

ANLEITUNG:

An den drei Lederbändern nach ca. 10 cm einen Überhandknoten anbringen. Befestigen Sie die Bänder mit einer Sicherheitsnadel.
Zuerst das grüne Band als Spannfaden und einen doppelten Rippenknoten (Seite 7) von links knüpfen. Danach wird das gelbe Band zum Spannfaden. Nun vier Reihen den doppelten Rippenknoten von links knüpfen. Das gelbe Band dient nun als Einlegefaden.
Ziehen Sie mit dem roten von vorn und dem grünen Band von hinten die Holzscheibe auf, und knüpfen Sie mit dem doppelten Rippenknoten von rechts die Reihe zu Ende. Weitere zwei Reihen folgen, dann wird wieder eine Holzscheibe aufgezogen. Knüpfen Sie weiter, bis alle vier Holzscheiben eingearbeitet sind.
Nach der letzten Holzscheibe knüpfen Sie noch vier Reihen den Rippenknoten von links weiter. Schließen Sie die Arbeit mit einem Überhandknoten ab.
An jedem Ende werden jetzt die sechs Holzperlen aufgereiht, nach verschiedenen Längen abgeknotet (Gelb nach 4 cm, Grün nach 4,5 cm und Rot nach 5 cm) und abgeschnitten.

Bastband

MATERIAL:

3 Bastbänder, ca. 90 cm lang in Natur (2 x) und Blau (1 x).
8 Schneckenmuscheln in Blau (ca. 8 mm lang).
2 weiße Muscheln, ca. 1 cm Ø.

ANLEITUNG:

Das Bastband wird wie das Lederband gearbeitet. Allerdings werden die Muscheln mit nur einem Band aufgezogen, nach Einarbeiten der zweiten Schneckenmuschel werden neun Reihen doppelter Rippenknoten von links geknüpft.
Am Ende des Bandes werden die verschiedenen Muscheln aufgezogen und nach ca. 5 cm abgeknotet und abgeschnitten.

Einfaches rotes Band

MATERIAL:

3 Baumwollfäden, ca. 180 cm lang, in Rot, Gelb und Blau.
4 rote Baumwollfäden, ca. 30 cm lang.

ANLEITUNG:

Drehen Sie aus den vier kurzen roten Fäden, die an jedem Ende mit einem Überhandknoten versehen und nach 1 cm abgeschnitten werden, eine 20 cm lange Kordel. Diese Kordel dient als Spannfaden. Beginnen Sie nach 3 cm mit dem langen roten Faden, bei dem Sie die Mitte ermittelt haben. Legen Sie ihn unter den Spannfaden, und knüpfen Sie nun sechs Weberknoten (WK) mit Rot (R), zwei WK mit Gelb (G) und zwei WK mit Blau (B) (vgl. Seite 5).
Legen Sie die jeweiligen Arbeitsfäden immer so lange weg, bis sie wieder gebraucht werden. Je nach Muster müssen Sie die Fäden über oder unter die anderen legen.

Arbeiten Sie wie folgt weiter:

1. Legen Sie (G) über (B), und knüpfen Sie 2 WK.
2. Legen Sie (R) über (G) und (B), und knüpfen Sie 7 WK.
3. Legen Sie (G) über (R), und knüpfen Sie 5 WK.
4. Legen Sie (B) über (G), und knüpfen Sie 5 WK.
5. Legen Sie (G) unter (B), und knüpfen Sie 5 WK.
6. Legen Sie (R) unter (G) und (B), und knüpfen Sie 7 WK.
7. Legen Sie (G) unter (R), und knüpfen Sie 2 WK.
8. Legen Sie (B) unter (G) und (R), und knüpfen Sie 2 WK.
9. Legen Sie (G) über (B), und knüpfen Sie 2 WK.
10. Legen Sie (R) über (G) und (B), und knüpfen Sie 7 WK.
11. Legen Sie (B) über (R), und knüpfen Sie 2 WK.
12. Legen Sie (G) über (B), und knüpfen Sie 2 WK.
13. Legen Sie (R) über (B) und (G), und knüpfen Sie 2 WK.
14. Legen Sie (G) unter (R), und knüpfen Sie 2 WK.
15. Legen Sie (B) unter (R) und (G), und knüpfen Sie 2 WK.
16. Legen Sie (R) unter (G) und (B), und knüpfen Sie 7 WK.
17. Legen Sie (G) unter (R), und knüpfen Sie 2 WK.
18. Legen Sie (B) unter (G) und (R), und knüpfen Sie 2 WK.

Wiederholen Sie Schritt 1.-10. Vernähen Sie am Ende alle Fäden auf der Rückseite.

Perlenband

MATERIAL:

3 Baumwollfäden, ca. 180 cm lang, in Pink, Weiß und Grün.
3 pinkfarbene Baumwollfäden, ca. 45 cm lang.
Glänzende Rocailleperlen, 2,6 mm Ø, in Weiß, Grün und Pink.

ANLEITUNG:

Die drei pinkfarbenen kurzen Fäden flechten und an jedem Ende mit einem Überhandknoten versehen. Teilen Sie die drei Fäden in sechs auf, und reihen Sie je eine pinkfarbene Perle auf. Die Enden nach 2,5 cm abknoten. Dieses Geflecht dient als Spannfaden.
Beginnen Sie nach 3 cm mit dem langen pinkfarbenen Faden, bei dem Sie die Mitte ermittelt haben. Legen Sie ihn unter den Spannfaden, und knüpfen Sie nun fünf Weberknoten (WK) mit Pink (P), vier WK mit Weiß (W) und 4 WK mit Grün (G) (vgl. Seite 5). Legen Sie die jeweiligen Arbeitsfäden immer so lange weg, bis Sie wieder gebraucht werden. Je nach Muster müssen Sie die Fäden über oder unter die anderen legen.

Arbeiten Sie wie folgt weiter:

1. Ziehen Sie je Seite eine (P) Perle auf.
2. Legen Sie (P) über (W) und (G), und knüpfen Sie 4 WK.
3. Ziehen Sie eine (W) Perle auf.
4. Legen Sie (W) über (P) und (G), und knüpfen Sie 4 WK.
5. Ziehen Sie eine (G) Perle auf.
6. Legen Sie (G) über (W), und knüpfen Sie 13 WK.
7. Legen Sie (W) über Kreuz und unter (G), und knüpfen Sie 4 WK.
8. Legen Sie (P) unter (G) und (W) und knüpfen Sie 4 WK.
9. Ziehen Sie eine (G) Perle auf.
10. Legen Sie (G) über (W) und (P), und knüpfen Sie 4 WK.
11. Ziehen Sie eine (W) Perle auf.
12. Legen Sie (W) unter (P) und (G), und knüpfen Sie 4 WK.
13. Ziehen Sie eine (P) Perle auf.
14. Legen Sie (P) unter (G), und knüpfen Sie 13 WK.
15. Legen Sie (W) über Kreuz und über (P), und knüpfen Sie 4 WK.
16. Ziehen Sie je Seite 12 (G) Perlen auf.
17. Legen Sie (G) über (P), und knüpfen Sie 4 WK.
18. Ziehen Sie eine (P) Perle auf.
19. Legen Sie (P) unter (G), und knüpfen Sie 4 WK.
20. Ziehen Sie eine (W) Perle auf.
21. Legen Sie (W) unter (G) und (P), und knüpfen Sie 4 WK.
22. Ziehen Sie eine (G) Perle auf.
23. Legen Sie (G) unter (P) und (W), und knüpfen Sie 13 WK.

Wiederholen Sie Schritt 7.-13.

24. Legen Sie (P) über (W) und knüpfen Sie 5 WK.

Vernähen Sie am Ende alle Fäden auf der Rückseite.

Einfaches orangefarbenes Band

MATERIAL:

Farbverlaufsgarn aus Baumwolle in der Farbe Lachs bis Orange.

ANLEITUNG:

Schneiden Sie das Garn so ab, daß Sie sechs ca. 90-100 cm lange Fäden erhalten, die den gleichen Farbverlauf besitzen. Der helle Teil muß genau in der Mitte liegen. Fixieren Sie die Fäden in der Mitte mit Hilfe eines Überhandknotens.

Knüpfen Sie sieben Rundknoten (Seite 6), danach vier Reihen doppelter Rippenknoten mit Spannfaden von innen. Nehmen Sie je zwei Fäden, und knüpfen Sie zwölf Wellenknoten, wechseln Sie den Spannfaden, und knüpfen Sie nochmals zwölf Wellenknoten. Wiederholen Sie diesen Vorgang mit den anderen Fäden – somit erhalten Sie drei geknüpfte Stränge.

Knüpfen Sie fünf Reihen mit dem Spannfaden von außen und nochmal fünf Reihen mit dem Spannfaden von innen. Wechseln Sie ein letztes Mal die Richtung des Spannfadens, und knüpfen Sie je nach Länge des Bandes zwischen fünf und fünfzehn Reihen mit dem Spannfaden von außen.

Teilen Sie die Fäden in je drei Stücke, und drehen Sie daraus zwei Kordeln, die Sie nach ca. 6 cm mit einem Überhandknoten fixieren.

Lösen Sie den Überhandknoten am Anfang bzw. in der Mitte des Bandes, und arbeiten Sie exakt dieselbe Knotenreihenfolge wie zuvor beschrieben.

Einfaches blaues Band

MATERIAL:

Farbverlaufsgarn aus Baumwolle in Hell- bis Dunkelblau.
1 silberfarbene Scheibe, 2 cm Ø.
2 Silberröhrchen, 2 cm lang und ca. 4 mm Ø.

ANLEITUNG:

Schneiden Sie das Garn so ab, daß Sie sechs ca. 90-100 cm lange Fäden erhalten, die den gleichen Farbverlauf besitzen, wobei der helle Teil genau in der Mitte liegen muß.

Hängen Sie auf jeder Seite der Silberscheibe je drei Fäden ein (siehe Zeichnung). Arbeiten Sie das Band wie das orangefarbene Band, allerdings ohne den Rundknoten.

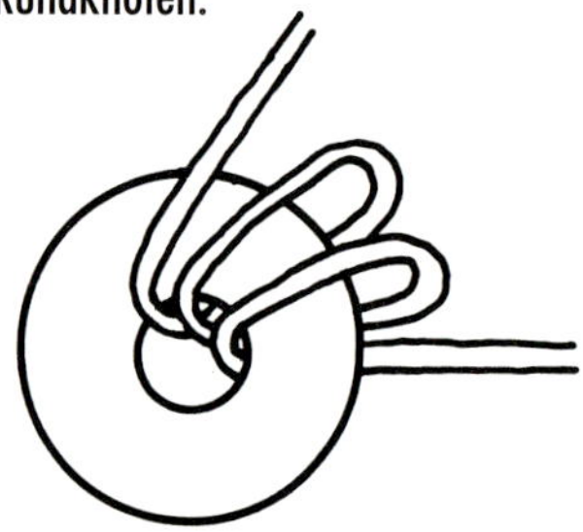

Wenn Sie die drei Stränge fertig geknüpft haben, ziehen Sie ein Silberröhrchen über den mittleren Strang und arbeiten das Band genau gleich zu Ende.

Smile-band

Material:

10 Baumwollfäden, ca. 90 cm lang, in Neongelb (2 x), Neongrün (2 x), Pink (2 x) und Schwarz (4 x).
3 Knöpfe in Neongrün, Neongelb und Pink, 1,4 cm Ø.

Anleitung:

Die zugeschnittenen Fäden nach ca. 15 cm zusammennehmen und einen Überhandknoten knüpfen. Die Arbeit mit Hilfe einer Sicherheitsnadel feststecken. Sortieren Sie die Farben wie folgt:
2 x Schwarz, 1 x Pink, 1 x Gelb, 2 x Grün, 1 x Gelb, 1 x Pink und 2 x Schwarz.

Das ganze Band mit dem einfachen Rippenknoten (Seite 7) folgendermaßen knüpfen:

1.) 1 Reihe Spannfaden von links
2.) 2 Reihen Spannfaden von rechts
3.) 2 Reihen Spannfaden von links

Wiederholen Sie Schritt 2.), 3.), 2.), 3.), 2.), dann:
4 Reihen Spannfaden von außen
1 Reihe Spannfaden von innen
1 Reihe Spannfaden von außen
Mit den Spannfäden in der Mitte den grünen Knopf aufreihen
1 Reihe Spannfaden von innen
1 Reihe Spannfaden von außen
4 Reihen Spannfaden von innen
1 Reihe Spannfaden von links
2 Reihen Spannfaden von rechts
1 Reihe Spannfaden von links

1 Reihe Spannfaden von innen
1 Reihe Spannfaden von links
1 Reihe Spannfaden von rechts
1 Reihe Spannfaden von innen
1 Reihe Spannfaden von links
2 Reihen Spannfaden von rechts
1 Reihe Spannfaden von links
4 Reihen Spannfaden von außen
1 Reihe Spannfaden von innen
1 Reihe Spannfaden von außen
Mit den Spannfäden in der Mitte den pinkfarbenen Knopf aufreihen
1 Reihe Spannfaden von innen
1 Reihe Spannfaden von außen
4 Reihen Spannfaden von innen
1 Reihe Spannfaden von rechts
2 Reihen Spannfaden von innen
1 Reihe Spannfaden von rechts
Tauschen Sie den äußeren gelben Spannfaden mit dem grünen
1 Reihe Spannfaden von außen
1 Reihe Spannfaden von links
1 Reihe Spannfaden von rechts
1 Reihe Spannfaden von außen
1 Reihe Spannfaden von links
2 Reihen Spannfaden von rechts
1 Reihe Spannfaden von links
4 Reihen Spannfaden von außen
1 Reihe Spannfaden von innen
1 Reihe Spannfaden von außen
Mit den Spannfäden in der Mitte den gelben Knopf aufreihen
1 Reihe Spannfaden von innen
1 Reihe Spannfaden von außen
4 Reihen Spannfaden von innen
1 Reihe Spannfaden von links
2 Reihen Spannfaden von rechts
2 Reihen Spannfaden von links
Wiederholen Sie 2.), 3.), 2.), 3.), 2.) und 1.) (Seite 22).

Die schwarzen Fäden auf der Rückseite vernähen und die farbigen Fäden zu je einer Kordel drehen, die nach 2 cm mit einem Kapuzinerknoten fixiert werden.

Brauner Bast mit Sonne

Abbildung Seite 25

MATERIAL:

7 braune Fäden à 1 m.
2 braune Fäden à 1,4 m.
1 Sonnenperle, 2,5 cm Ø.
2 grün-goldene Perlen, 1,5 cm Ø.

ANLEITUNG:

Man flicht einen 7 cm langen Zopf. Danach müssen die längeren Fäden außen liegen, da sie am meisten benötigt werden.
Nun knüpft man aus je drei Arbeitsfäden acht Weberknoten um die verbleibenden drei Spannfäden. Auf diese schiebt man eine kleinere Perle, die beidseitig von zwölf Wellenknoten umrahmt wird. Nachdem man mit den drei Außenfäden einen Weberknoten geknüpft hat, teilen sie sich wieder, damit sie um die Sonnenperle einen Kreis aus 16 Weberknoten bilden können. Mit einem Weberknoten wird die Sonnenperle fixiert und das Band in umgekehrter Reihenfolge beendet.

Zum Arbeiten mit Bast:

Mit Bast läßt sich sehr schön und schnell knüpfen. Aber die fertigen Bänder sind etwas störrisch und kratzig. Wenn man sie kurz ins Wasser legt und anschließend trocknen läßt, sind sie viel geschmeidiger.

Bunter Bast mit Indianerperle

MATERIAL:

5 Bastfäden à 1 m.
1 Indianerperle mit großem Loch.
2 rote Holzperlen, 10 mm Ø.

ANLEITUNG:

Nach 7 cm geflochtenem Zopf folgen zehn bis zwölf von links beginnende Reihen Schlingenknoten (zwei pro Knoten, siehe Seite 4). Immer der links hängende Faden ist der Arbeitsfaden und wird nach rechts durchgeknüpft. Dann ist die nächste Farbe an der Reihe. Auf den mittleren Faden zieht man nun eine rote Perle.

Seitlich umrahmt man sie mit vier doppelten Schlingenknoten, d.h. einmal von oben und einmal von unten beginnen, sonst drehen sie sich. Nach zwei durchgeknüpften Reihen Schlingenknoten werden alle Fäden für die zweite Hälfte des Bandes durch die Indianerperle geschoben.

Bast mit rot-gelb-blauen Perlen

Dieses Band wird ähnlich hergestellt wie das bunte Bastband mit Indianerperle. Beim seitlichen Umrahmen der Perlen können nebeneinanderliegende Farben auch getauscht werden, indem man nicht mit der Farbe fortfährt, die an der Reihe wäre, sondern einen danebenliegenden Faden nimmt.

Mit silberner Indianerperle

MATERIAL:

10 Perlgarn- oder Sticktwistfäden à 90 cm.
1 ovale Indianerperle, 2,5 cm.

ANLEITUNG:

Nach 7 cm werden alle Fäden verknotet. Nun müssen außen die zwei gelben, dann die ockerfarbenen, die braunen, die hellblauen und in der Mitte die dunkelblauen Fäden hängen.

Nun werden von außen nach innen beidseitig je zwei Schlingenknoten gearbeitet. Das heißt, zuerst werden die gelben Fäden als Arbeitsfäden schräg bis zu den dunkelblauen geknotet. Die Mitte erhält auch einen Knoten, sonst entsteht ein Spalt. Jetzt liegen die ockerfarbenen Fäden außen. Sie werden zu den gelben, die ja nun die Mitte bilden, geknüpft. Dieses Farbenspiel geht bis zur dunkelblauen Reihe.

Hier wird nun von der Mitte aus nach beiden Seiten gearbeitet (vor jeder Reihe den Knoten in der Mitte nicht vergessen). Sind wieder alle Farben durchgeknüpft, bleibt von den entstehenden Spannfäden eine Raute frei. Der letzte Pfeil dieser Hälfte läuft von außen bis zur Perle. Diese wird auf die hell- und dunkelblauen Fäden gezogen und von zwei schmalen, in der gleichen Weise geknüpften Bändern, umrahmt. Am Ende der Perle beginnt man wieder mit den dunkelblauen und dann den hellblauen Fäden nach außen zu arbeiten, damit sie sich mit den anderen Fäden treffen.

Leder- und Jeansbänder

Material:

Dekor: Nieten, Schmucksteine, Glitzerpasten, Stickgarne, Perlen, aufnähbare Sterne (Europaflaggenband). Fäden oder Bänder zum Befestigen am Handgelenk.

Fertige Maße: 1-3 cm x 12-15 cm plus 0,5 cm Nahtzugabe an jeder Seite.

Anleitung:

Die zwei blauen Jeansbänder näht man am besten mit der Hand oder der Maschine zu einem Schlauch, der dann mit Hilfe einer Sicherheitsnadel gewendet wird. Die Enden schlägt man nach innen und näht gleich zwei Bänder mit ein.

Für das schwarze Band wird ein Jeansrest ausgefranst. Haltbarer wird es, wenn man auf die Unterseite noch einen Stoffstreifen näht oder klebt.

Die Lederbänder sollte man unbedingt mit einem Lineal und einem scharfen Messer zuschneiden. Sehr hilfreich ist es, wenn die Löcher und Schlitze vor dem Sticken bereits vorgezeichnet und vorgestochen wurden (Stopfnadel, weiche Unterlage).

Gewebte Perlenbänder

Material:

Perl- bzw. Schulwebrahmen oder Bilderrahmen (20-30 cm hoch). Stärkeres, reißfestes Garn als Kettfaden. Dünner Zwirn (doppelt) als Arbeitsfaden. Feine Nähnadel.

Anleitung:

Für ein eigenes Muster fertigt man am besten zunächst einmal eine Zeichnung an. Der Kettfaden wird oben oder unten angeknotet und der Rahmen im Abstand von 2 mm fest umwickelt. Man benötigt einen Faden mehr als Perlen in einer Reihe sein sollen, da in den Zwischenräumen gearbeitet wird. Nun vernäht man einen ca. 80 cm langen, doppelt gelegten dünnen Zwirn für Rechtshänder am linken Kettfaden. Mit den aufgereihten Perlen der ersten Reihe geht man unter allen Kettfäden hindurch, zieht den Arbeitsfaden stramm und drückt mit dem linken Zeigefinger die Perlen von unten in die Fadenzwischenräume. Darauf führt man die Nadel von rechts über den Kettfäden durch die Perlen zurück. So arbeitet man Reihe für Reihe hoch. Zu kurz gewordene Arbeitsfäden werden sorgfältig vernäht, neue ebenfalls.

Die Straßsteine des grünen Bandes findet man im Fachhandel als Meterware. Das Kettgarn wird an den Bandenden angeknotet und das Straßband am Rahmen als mittlerer Kettfaden befestigt.

Band mit blauer Donatscheibe

MATERIAL:

Kordeln in Schwarz und Weiß,
je 60 bis 65 cm
und in Türkis, 80 bis 90 cm.
1 Donatscheibe, 4,5 cm Ø.
6 grüne Perlen, 8 bis 10 mm Ø.

ANLEITUNG:

Zuerst werden die schwarze und die weiße Kordel laut Zeichnung in der Donatscheibe eingehängt. Nun zieht man das türkisfarbene Band durch die entstandenen Schlaufen an den Außenseiten der Scheibe. Die jeweils 20 cm langen, mittleren Kordelstücke bilden die Spannfäden, um die entweder drei doppelte Schlingenknoten geknüpft werden oder auf die eine Perle geschoben wird.
Das Ganze wechselweise bis zur dritten Perle wiederholen. Abschließend folgen noch drei versetzte Doppelschlingenknoten und die Zöpfe.

Rückansicht

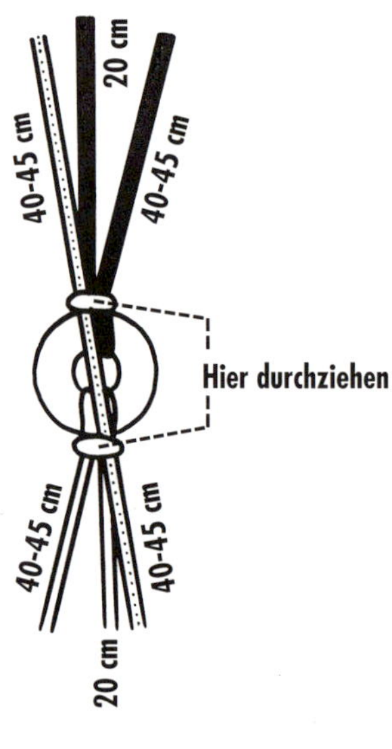

Schwarz-weiß-rot

Material:

Dicke Wolle, Schnürbänder, gekaufte oder selbstgedrehte Kordeln in Schwarz und Weiß, je 80-90 cm, und in Rot, 3 x 30 cm.

Anleitung:

Nach 7 cm geflochtenem Zopf knüpft man um die drei roten Kordeln drei ganze Weberknoten. Die zwei äußeren roten Spannfäden werden mit je drei doppelten Schlingenknoten versehen. Auf den mittleren Faden schiebt man eine Perle. Dann folgen wieder zwei ganze Weberknoten.

Blaue Lederbänder mit Perlen

Material:

2 blaue Lederbänder à 80 cm.
1 grünes Lederband à 40 cm.
4 längliche Perlen, 18 mm.

Anleitung:

Alle Bänder werden nach 7 cm miteinander verknotet. Dann folgen vier Weberknoten um den kurzen Spannfaden und dazwischen je eine Perle, an der die Arbeitsfäden einfach vorbeigeführt werden.

Seemannsband mit Steuerrad

Material:

Schnürbänder oder Kordeln in Blau und Weiß, 2 x 75 cm.
Metallschmuckteil zum Nieten oder Annähen.

Anleitung:

Den ersten Brezelknoten knüpft man laut Zeichnung (siehe Seite 5) nach etwa 7 cm. Diese Knoten sehen schwieriger aus, als sie sind. Nach ein paar Übungsknoten ist das attraktive Band sicher bald fertig. Ein marines Metallteil in seiner Mitte gibt dem Ganzen ein gewisses Etwas. Brezelknoten lassen sich auch mit vier verschiedenfarbigen Kordeln herstellen.
Die vier Enden sollte man vernähen, da sonst die letzten Brezeln durch das Verknoten am Handgelenk zusammengezogen werden.

Helles Band mit blauen und gelben Perlen

Ein ganz einfacher und schnell herzustellender Schmuck für Anfänger.

Material:

Naturfarbenes Baumwollgarn, 2 x 150 cm und 1 x 65 cm.
Für 15 cm geknüpftes Band benötigt man je 14 gelbe und blaue Perlen.

Anleitung:

Alle Fäden werden in der Mitte geknickt und nach 7 cm locker verknotet. Nun müssen die vier langen Arbeitsfäden außen hängen. Auf einen der kurzen Spannfäden zieht man 14 gelbe, auf den anderen 14 blaue Perlen auf und sichert sie unten mit einem Knoten. Jetzt schiebt man abwechselnd jeweils zwischen jedem halben Weberknoten eine Perle hinein. Die Zöpfe beenden das Band.